Daniel Slowik

Praktikumsbericht zum Feldpraktikum - Seismische Explorationsverfahren

GRIN Verlag

Bibliografische Information der Deutschen Nationalbibliothek:

Die Deutsche Bibliothek verzeichnet diese Publikation in der Deutschen National-
bibliografie; detaillierte bibliografische Daten sind im Internet über http://dnb.d-
nb.de/ abrufbar.

Impressum:

Copyright © 2012 GRIN Verlag GmbH
Druck und Bindung: Books on Demand GmbH, Norderstedt Germany
ISBN: 978-3-656-28756-8

Praktikumsbericht zum Feldpraktikum der Vorlesung:
- Seismische Explorationsverfahren -

Protokollant: Daniel Slowik
Studiengang: Geowissenschaften B.Sc.
Semesterzahl: 6
Durchführung: Freitag der 15. Juni, 2012

Einführung:

Die Hammerschlagseismik

Die Hammerschlag-Refraktionsseismik ist eine Methode der Seismik und dient zur Erkundung und Messung von oberflächennahen Schichten.

Die Anwendung ist von einem geringen gerätgestützten Aufbau geprägt und lediglich anwendbar, wenn die Schichtgeschwindigkeit v der elastischen Welle mit der Geschwindigkeit zunimmt.

Durch einen Hammerschlag auf eine Schlagplatte wird ein elastischer Impuls erzeugt; dieser hat ein primäres Wellenfeld zur Folge, welches sich aus einer Longitudinalwelle, Transversalwelle und Rayleighwelle zusammensetzt.

Die Longitudinalwelle besitzt hierbei die höchste Ausbreitungsgeschwindigkeit und kürzeste Laufzeit.

Reflexionen und Brechung erzeugen ein sekundäres Wellenfeld an den Schichtgrenzen des Untergrundes; diese können mithilfe von Geophonen aufgezeichnet werden.

Die Messungen erlauben Rückschlüsse über den Aufbau des Untergrundes.

Genutzt wird dabei ein Wellentyp, welcher an den Grenzen von Schichten auftritt, wenn die Ausbreitungsgeschwindigkeit zunimmt.

Der entscheidende Zusammenhang wird durch das Snelliussche Brechungsgesetz erklärt:

$\sin \alpha / v_1 = \sin \beta / v_2$

Nimmt die Ausbreitungsgeschwindigkeit zu bei einem Schichtwechsel, so wird die Welle vom Lot weggebrochen, dabei kann die Welle genau entlang einer Schichtgrenze weggebrochen werden; dieser Fall tritt unter dem kritischen Winkel i auf.

Dabei gilt:

$\sin i = v_1 / v_2$

Die Welle breitet sich dabei mit der Geschwindigkeit v_2 entlang der Grenze aus und erzeugt dabei sekundäre Wellen an jedem Punkt der Grenzfläche. (Huygenssches Prinzip)

Die Überlagerungen der sekundären Wellen sind als Kopfwelle sichtbar und diese überholt nach einer gewissen Entfernung die direkte Welle in der oberen Schicht.

Für die Methode wurden folgende Geräte verwendet bzw. benötigt:
- Terralog MK6
- Maßband
- Geophone
- Geophon – Kabelrollen
- Triggergeophon mit Kabel
- Batterie mit Stromkabel
- Schlagplatte
- Vorschlaghammer

1) Versuchsaufbau bzw. -durchführung

Der Versuch wurde mit einem Schuss und Gegenschussverfahren in zwei getrennten Gruppen durchgeführt, dabei wurde der Schuss von Gruppe 1 und der Gegenschuss von Gruppe 2, verzögert um mehrere Stunden, durchgeführt.

Die Geophone wurden in ungleichmäßigem Abstand ausgelegt; beginnend mit 8 Stück im Abstand von 0,5m (G1 – G8), dann 6 Stück im Abstand von 1m (G9 – G14) und anschließend 9 Geophonen im 2m Abstand (G15 – G23).

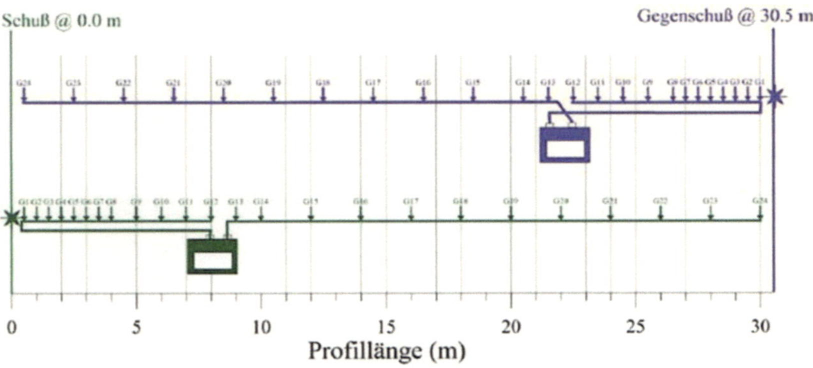

2) Erstellen der Laufzeitkurven für Schuss und Gegenschuss

(siehe dazu im Anhang die Laufzeitkurven, welche auf Millimeterpapier aufgetragen wurden)
→ Die Laufzeitkurven verlaufen in Korrelation zueinander nicht spiegelsymmetrisch!

3) (Schein-) Geschwindigkeitenermittlung

- Bitte die beiliegenden Graphen hinzuziehen -

Die Bestimmung von (v_1 / v_2) erfolgt aus dem Kehrwert der Steigungsdreiecke der Geraden (direkte und refraktierte Welle).

a) Berechnung der Geschwindigkeiten in (m/s) für den Schuss:
- Geschwindigkeit der direkten Welle (v_1): 666,67 (m/s)
- Geschwindigkeit der refraktierten Welle (v_2): 1059,46 (m/s)
- Interceptzeit (t_{int}): 0,009 (s)

b) Berechnung der Geschwindigkeiten in (m/s) für den Gegenschuss:
- Geschwindigkeit der direkten Welle (v_1): 540 (m/s)
- Geschwindigkeit der refraktierten Welle (v_2): 1862,069 (m/s)
- Interceptzeit (t_{int}): 0,016 (s)

	Direkte Welle (m/s)	Refraktierte Welle (m/s)	Interceptzeit (s)	Überholentfernung (m)
Schuss	666,67 (m/s)	1059,46 (m/s)	0,009 (s)	13,25 (m)
Gegenschuss	540 (m/s)	1862,069 (m/s)	0,016 (s)	12,25 (m)

Die Interceptzeit der Schüsse ist deutlich geringer als die der Gegenschüsse, daher ist die Zeit also geringer bis die Welle das erste Mal auf den Refraktor auftrifft.
Die Schicht sollte dementsprechend in Richtung des Gegenschusspunktes einfallen.

4) Bestimmung der Überholentfernung und Interceptzeit

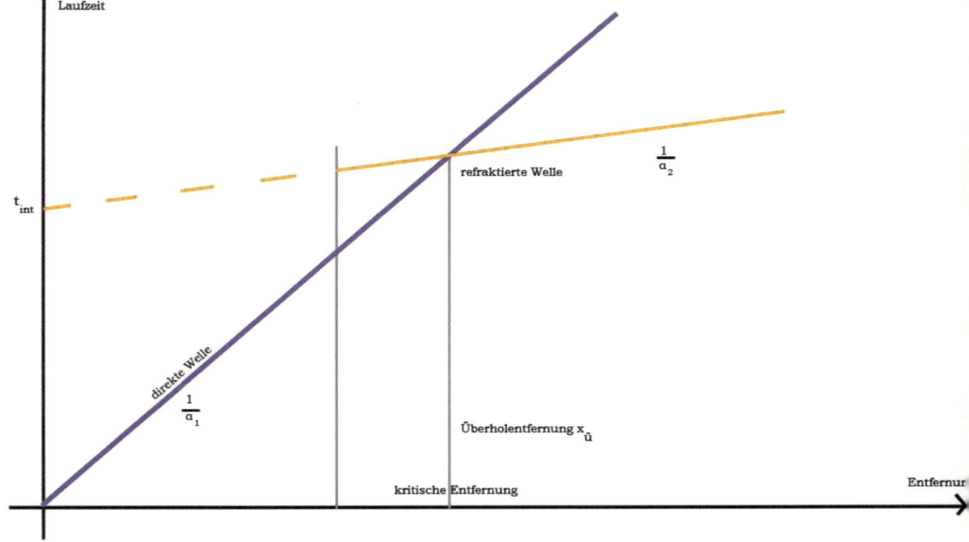

Abb. 1: Eigens erstellte Graphik erarbeitet nach Prof. Hinzen – Seismische Explorationsverfahren Teil 5/15

Die Überholentfernung ergibt sich aus dem Schnittpunkt der direkten und refraktierten Welle.
Die Interceptzeit kann an der Laufzeitachse (Y-Achse) abgelesen werden; sie ergibt sich aus dem Schnittpunkt der Y-Achse und der verlängerten refraktierten Welle.

Für die Messung ergibt sich eine Überholentfernung von 13,25 (m) für den Schuss und eine Interceptzeit von 0,009 (s).
Für den Gegenschuss zeigen sich eine Überholentfernung von 12,25 (m) und eine Interceptzeit von 0,016 (s).

5) Überprüfung ob es sich um söhlige Lagerung oder geneigte Lagerung handelt

Wie man bereits erkennen konnte liegen uns zwei unterschiedliche Interceptzeiten vor. Zwar sind die Geraden nur ungefähr aufgemalt worden, da die Messpunkte keine eindeutige Gerade zulassen, jedoch variieren die Werte so stark von Schuss und Gegenschuss, dass völlig klar eine unterschiedliche Interceptzeit hervorgehen muss.

Dies deutet also auf eine geneigte Lagerung hin, denn die Laufzeitkurven von Schuss und Gegenschuss verlaufen nicht spiegelsymmetrisch, wie sie es bei einer söhligen Lagerung tun sollten.

Uns liegen also nur Scheingeschwindigkeiten vor.

6) Berechnung der Tiefe/Teufe der Schichtgrenzen

Es ist möglich die Tiefe anhand der Überholentfernung oder der Interceptzeit zu bestimmen, jedoch gelten beide Formeln lediglich bei söhliger Lagerung.

Es ist aber nicht zu verachten, dass eine Annäherung der tatsächlichen Tiefe mit dieser Methodik erreicht werden kann.

Es gilt:

$$t_{int} = 2h \sqrt{\frac{1}{v_1^2} - \frac{1}{v_2^2}}$$

Auf die Schichtgrenzen bezogen:

$$h = \frac{t_{int}}{2\sqrt{\frac{1}{v_1^2} - \frac{1}{v_2^2}}}$$

und

$$h = \frac{X}{2\frac{\sqrt{v_2} + v_1}{\sqrt{v_2} - v_1}}$$

Schuss:

$$h = \frac{0,009}{2*\sqrt{\frac{1}{667^2} - \frac{1}{1060^2}}} = 3,86 \ (m)$$

und

$$h = \frac{13,25 \ (m)}{2*\frac{\sqrt{1727} \ (m/s)}{\sqrt{393} \ (m/s)}} = 3,16 \ (m)$$

Mittelwert:

$$\overline{h} = \frac{3,86 + 3,16}{2} = 3,51 \ (m)$$

Gegenschuss:

$$h = \frac{0{,}016}{2 * \sqrt{\frac{1}{540^2} - \frac{1}{1862^2}}} = 4{,}51 \ (m)$$

und

$$h = \frac{12{,}25 \ (m)}{2 * \frac{\sqrt{2402} \ (m/s)}{\sqrt{1322} \ (m/s)}} = 4{,}54 \ (m)$$

Mittelwert:

$$\overline{h} = \frac{4{,}51 + 4{,}54}{2} = 4{,}525 \ (m)$$

Die Teufe definiert wie tief ein unterirdischer Punkt unterhalb eines oberirdischen Referenzpunktes liegt; berechnet wird daher der senkrechte Abstand.

$$H_d\big/H_u = \frac{t_{int}\,\alpha_1}{2\cos i_c} \qquad \text{mit} \qquad i_c = \sin^{-1}\left(\frac{v_1}{v_2}\right)$$

Schuss:

$$i_c = \sin^{-1}\left(\frac{667}{1060}\right) = 38{,}99°$$

Gegenschuss:

$$i_c = \sin^{-1}\left(\frac{540}{1862}\right) = 16{,}86°$$

$$H_d = \frac{0{,}009 * 667}{2 * \cos(38{,}99)} = 3{,}86 \ (m) \qquad H_u = \frac{0{,}016 * 540}{2 * \cos(16{,}86)} = 4{,}51 \ (m)$$

Ergebniszusammenfassung:

	Tiefe aus t_{int} (m)	Tiefe aus Xü (m)	Interceptzeit t_{int} (s)	Überholentfernung Xü (m)
Schuss	3,86 (m)	3,16 (m)	0,009 (s)	13,25 (m)
Gegenschuss	4,51 (m)	4,54 (m)	0,016 (s)	12,25 (m)

	Kritischer Winkel i_c (°)	Teufe (m)
Schuss	38,99 (°)	3,86 (m)
Gegenschuss	16,86 (°)	4,51 (m)

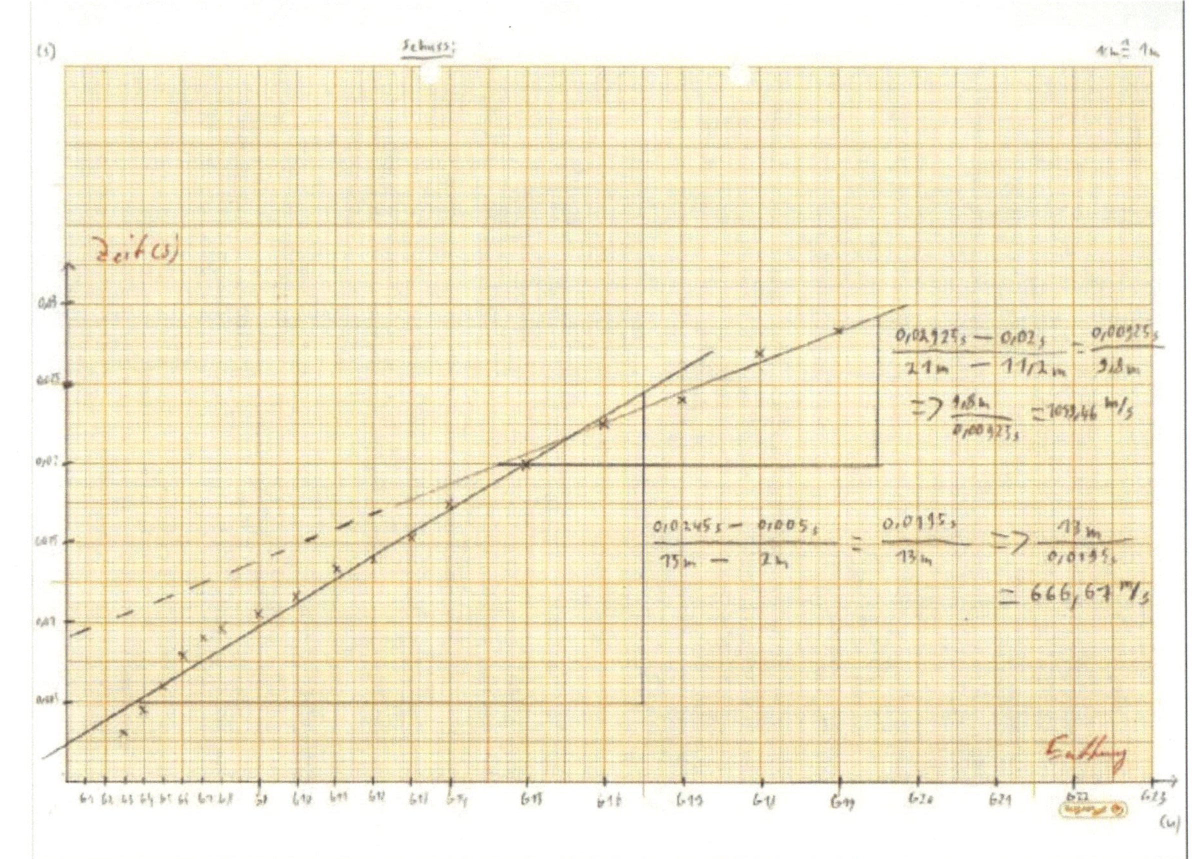

Zeit (s)
Schuss;
x L ≙ 1m
(s)
(m)
Entfernung
0,02925 s — 0,02 s / 21 m — 11/2 m = 0,00925 s / 9,8 m
=> 9,8 m / 0,00925 s ≙ 1059,46 m/s
0,0245 s — 0,005 s / 75 m — 2 m = 0,0195 s / 13 m
=> 13 m / 0,0195 s ≙ 666,67 m/s

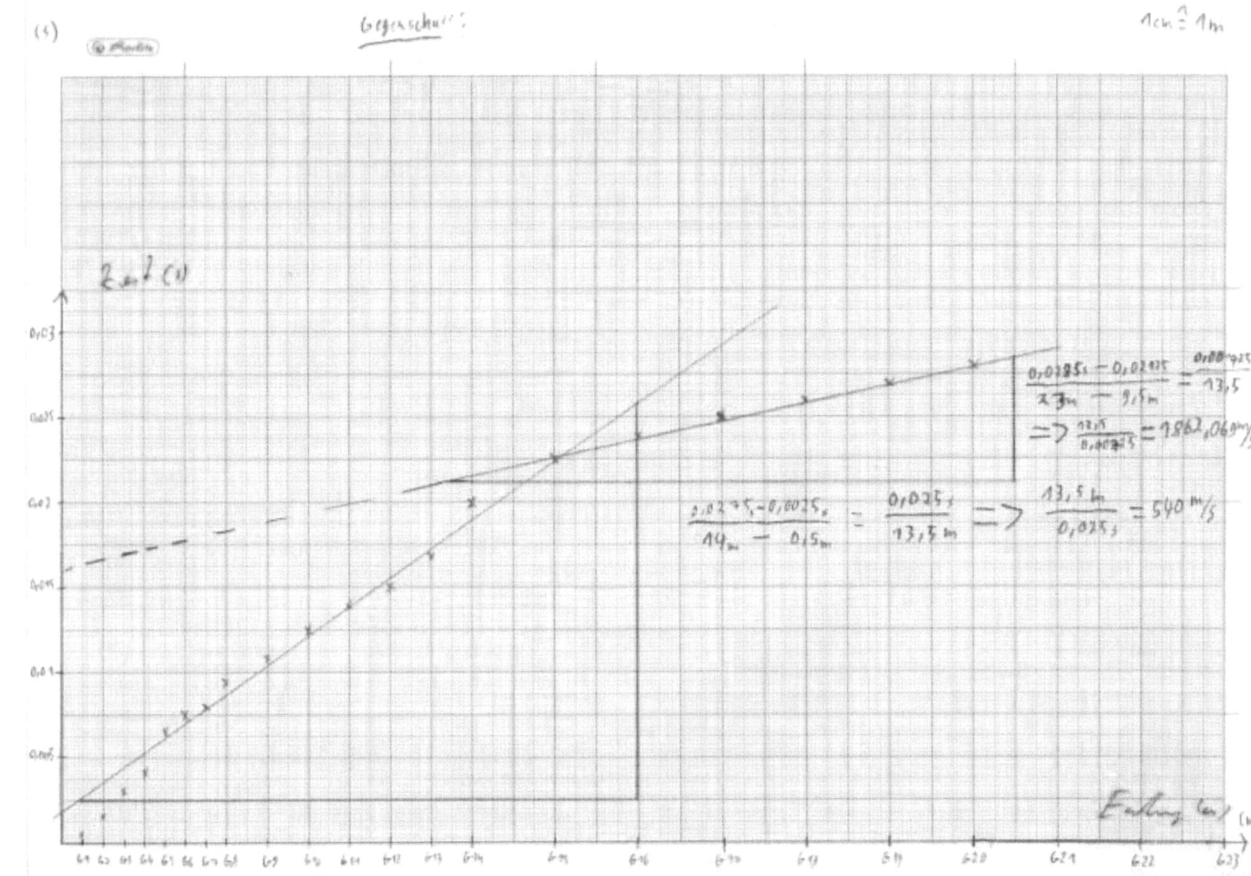
(1)
Gegenschuss:
1 cm ≙ 1 m
Zeit (s)
Entfernung (m)
$$\frac{0,0285_s - 0,02075}{23_m - 9,5_m} = \frac{0,00875}{13,5}$$
$$\Rightarrow \frac{13,5}{0,00875} = 1862,06 \, m/s$$
$$\frac{0,0275_s - 0,0025_s}{14_m - 0,5_m} = \frac{0,025_s}{13,5_m} \Rightarrow \frac{13,5 \, m}{0,025_s} = 540 \, m/s$$

Die folgenden vier Diagramme zeigen den Hinschuss (1 und 2) und den Gegenschuss
(3 und 4) jeweils einmal als Übersicht der ganzen Messung und einmal im Zoom auf den
Anfang der Seismogramme. Die Schusspunkte liegen bei den Koordinaten 0m und 28m.

Bitte beachten Sie, dass die Zeitmaßstäbe der einzelnen Plots nicht gleich sind!

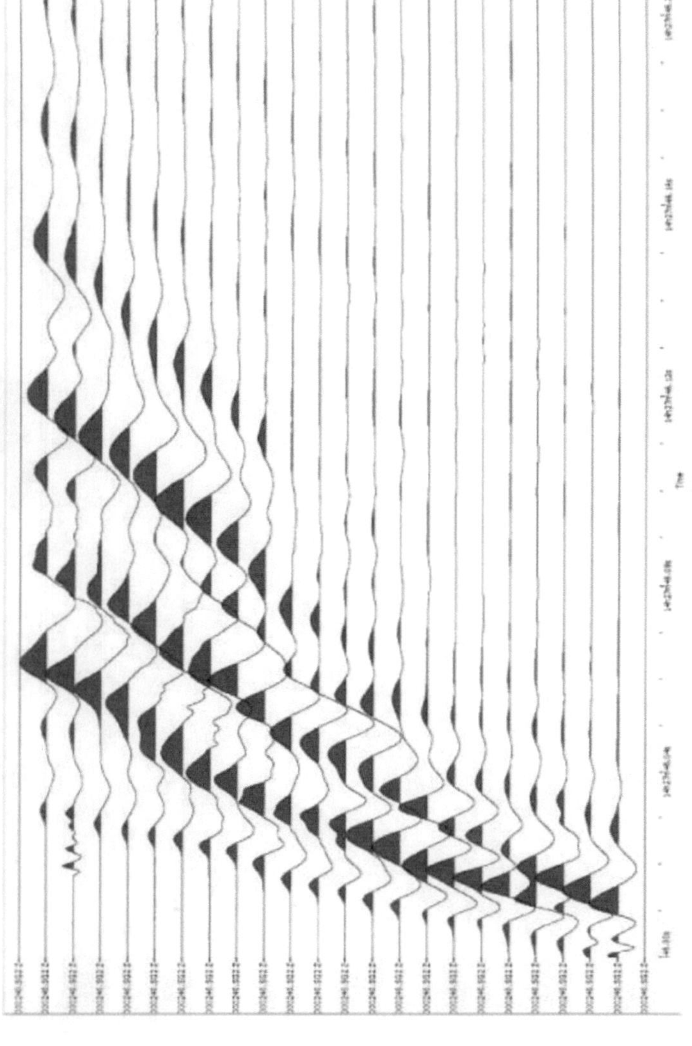